U0196072

图书在版编目（CIP）数据

猫头鹰必杀技 / 王瑜著 . -- 上海：少年儿童出版社，
2024. 11. --（多样的生命世界）. -- ISBN 978-7-5589-
1985-5

Ⅰ . Q959.7-49

中国国家版本馆 CIP 数据核字第 2024FV0322 号

多样的生命世界·萌动自然系列 ⑤

猫头鹰必杀技

王 瑜 著

萌伢图文设计工作室 装帧设计

黄 静 封面设计

策划 王霞梅 谢瑛华

责任编辑 谢瑛华 美术编辑 施喆菁

责任校对 陶立新 技术编辑 陈钦春

出版发行 上海少年儿童出版社有限公司

地址 上海市闵行区号景路 159 弄 B 座 5-6 层 邮编 201101

印刷 上海雅昌艺术印刷有限公司

开本 787×1092 1/16 印张 2.5 字数 9 千字

2025 年 1 月第 1 版 2025 年 1 月第 1 次印刷

ISBN 978-7-5589-1985-5/N·1308

定价 42.00 元

本书出版后 3 年内赠送数字资源服务

上海市科委科普项目资助
（项目编号：23DZ2302700）

多样的生命世界 ○ 萌动自然系列 ⑤

猫头鹰必杀技

○ 王 瑜／著

我是动动蛙，欢迎你来到"多样的生命世界"。
现在，就跟着我一起去探索猫头鹰的天地吧！

密码：dydsmsj#wiseMTY

少年儿童出版社

猫头鹰之名

　　猫头鹰，很特别，和别的鸟类很不一样。很多人见到猫头鹰的第一眼，就会觉得它的"长相"不像是鸟，反而和猫脸很相似。所以，它就有了这样一个特别的名字——猫头鹰！

　　确实，光是看猫头鹰的面部，它显得又宽又扁，加上一对又大又圆的眼睛，确实很像猫脸。而且，它的嘴不像其他鸟喙那样突出显著，这也掩盖了它的鸟类特征。还有，它的头顶两侧一左一右竖着两个羽簇，很像猫耳。

　　所以，一眼看去，有时候真的会有点疑惑：那是一只鸟，还是一只猫呢？

宽脸盘

　　猫头鹰的"脸"比大多数鸟看上去要宽大得多。这是因为它头部周围的羽毛排成一个扁圆的盘状，特别是眼睛周围的羽毛呈辐射状排列，使得这张脸看上去扁扁的、圆圆的，是个典型的"宽脸盘"。

大眼睛

　　猫头鹰的眼睛长得也与众不同。别的鸟类两只眼睛通常长在头的两侧，可猫头鹰的双眼却长在脸的前面，处在面部的同一平面上。而且猫头鹰的眼睛和普通鸟类的比起来，要大得多，看上去真的有点像猫眼。

相比于又大又宽的脸，猫头鹰的喙显得比较短小而侧扁，贴在面部正前方，而且常常被许多坚硬的羽毛覆盖着，所以看上去并不明显，不像其他鸟类的喙那样细长前突。但是，猫头鹰的喙非常强壮，喙尖常常呈弯钩状，显然属于猛禽一类。

很多猫头鹰的头顶两侧常有两撮羽毛耸起，看上去就像猫的两只耳朵。不过，那真的是它的耳朵吗？

03

羽毛"耳朵"

萌懂一刻

不要以为猫头鹰头顶上那两撮羽毛就是它的耳朵，其实它没有外耳，只有两个耳孔藏在头部两侧的羽毛中，一般不容易发现。

看视频，长知识！

夜行猎手

以后夜里出门可要换上暗色的"外衣"，好让它看不见我！

　　在自然界，大多数鸟类都习惯在白天捕猎和飞行，到了夜间，它们就纷纷回到巢穴休息了。可是，许多猫头鹰的生活习惯却是反过来的，它们喜欢在白天睡觉，晚上出来活动。这是因为夜间仍然有不少小动物出来活动，特别是鼠类等，它们恰恰是猫头鹰最喜欢的食物。所以，既然猎物喜欢在夜间出没，猫头鹰就只能"上夜班"了。

04

"错峰"捕猎

　　猫头鹰的食谱和生活在同一地区的其他猛禽很接近，所以白天捕猎食物的竞争很激烈。不过到了夜间，其他捕猎者就很少出来了，这样猫头鹰就能有更多的收获。

白天行动

和大多数猫头鹰昼伏夜出的习性不同，生活在北方寒冷地区的雪鸮已经习惯了在光天化日之下捕猎。因为这些地区寒冷的冬季很漫长，温暖的夏季比较短，所以雪鸮必须抓紧一切机会觅食。雪鸮的羽色与环境非常接近，因此不再需要借助夜色隐蔽自己，而可以在大白天捕猎。

雪鸮

短耳鸮

短耳鸮是另一种不"夜行"的猫头鹰，它们最喜欢在凌晨天蒙蒙亮时和黄昏天色将暗的时段出动，有时候白天也能见到它们的身影。短耳鸮通常躲在草丛里，静静地观察和聆听周围的动静，然后悄然起飞，以超低空飞行的方式接近目标，然后一击中的。

看来"时差"没有调整过来啊！

动动蛙笔记 ▶

时差"患者"

有些猫头鹰已经长期习惯了夜间出动捕猎，白天躲在丛林里、树洞中睡觉。如果它们在白天睡觉时被周围环境的动静打扰，而勉强出动的话，常常会显得"睡眠不足"，在空中飞行时会摇摇摆摆，晃晃悠悠，好像喝醉了酒一样。

猫头鹰崇拜

很久以前，猫头鹰就已经生活在地球的各个角落了。而且许多猫头鹰还特别喜欢栖息在人类生活的地方。古代的人们常常把猫头鹰视作吉祥和智慧之鸟。在希腊神话中，猫头鹰常常与智慧女神一起出现。在希腊雅典的古钱币上，就铸有猫头鹰的形象。

为什么雅典人会特别崇拜猫头鹰呢？这大概是因为猫头鹰长相与其他鸟类大不相同，而且常常在黑夜出没，行踪隐秘，本身就带着神秘感。更何况，它还能够在漆黑的夜空中悄无声息地飞行、捕猎，单凭这种本领，就会让人觉得猫头鹰一定很聪明。

动动蛙笔记▶

猫头鹰造型

在中国，五千多年前的红山文化中就有猫头鹰造型的玉佩。两三千年前的商周时期，有一些祭祀用的青铜酒器，也是猫头鹰的形象。

鸮卣

"夜猫子"恶名

你听说过"夜猫子"这个名字吗？它指的并不是夜里的猫，而是猫头鹰。这当然是因为猫头鹰喜欢在夜里活动，还长着一张"猫脸"。

在中国民间，"夜猫子"猫头鹰的名声可不太好。这是因为，自然界里的大多数鸟类在夜里都已歇息，几乎不再鸣叫，唯独猫头鹰习惯在夜间活动，还常常发出"咕咕"的叫声，低沉而断续，和一般的"叽叽喳喳"的鸟鸣声很不一样。况且，在黑夜里，只闻其声，不见其身，难免让人觉得有点害怕。所以，以前民间就会有"夜猫子叫，坏事到"的迷信传言。

呱呱呱，我的叫声好听多了！

07

角鸮变声

角鸮是一类分布很广的猫头鹰，南方和北方都很常见。角鸮的叫声原本比较单调、短促，可是，相比分布在南方的角鸮，那些生活在北方的同类不但叫声更响亮，而且声音会明显拖长。原来，北方地区气候相对寒冷，自然环境中食物数量比较少，生活在这些地方的角鸮要靠"大声"鸣叫和拖长声音来联络同伴。

捕食者猫头鹰

猫头鹰有很多种类，分布的范围也非常广泛，所以它们的食性并不完全相同。不过，几乎所有的猫头鹰都是典型的食肉鸟类。它们的个头虽然有大有小，却都是鸟类中的捕猎高手，很少有猎物能躲过它们的致命一击。

那么，猫头鹰是靠什么成为鸟类捕猎者中强者的呢？

原来，猫头鹰能够轻松地捕捉到猎物，主要是因为它拥有五大"必杀技"！

超级视力

双眼向前直视，视力极佳，尤其适宜在夜间辨别活动猎物。

啊，视频里的猫头鹰看起来好凶猛，吓坏蛙宝宝了！

强劲利爪

双足强劲有力，趾爪弯曲而锋利。

无声飞行

羽毛松软，羽毛上的特殊结构使它在飞行时几乎悄无声息。

灵敏听觉

听觉神经发达，面部羽毛结构增强声音收集效果，飞行过程中随时调整定位。

旋转头颈

颈椎可曲挠，使得头部可旋转 270 度以上，视野更开阔。

哎哟，我怎么转不过去啊？

超级大眼

我也是个大眼仔哟!

　　猫头鹰的两只眼睛非常大，也许是所有鸟类中最大的。眼睛周围密密麻麻整齐排列着细羽毛，这些羽毛向前突出，从眼眶一直排到了额头上，看上去就像一个菱形图案。

　　猫头鹰的眼睛还特别圆，可是，这双眼睛实际上不是圆球形的，而是圆柱形的。根据科学研究，这种眼睛对微弱光线特别敏感，所以特别适合猫头鹰在黑夜里观察周围的动静。据说，猫头鹰在黑夜里的视力比我们人类强 10 倍都不止呢！即使只有很微弱的光线，它也能发现猎物躲在哪里。

交叉视力

　　和大多数鸟类不同，猫头鹰的眼睛是长在脸部正面的，所以它观察前方的物体比其他鸟类更直接、更方便。而且，两只眼睛同时朝前看，视力范围相互重叠，这样可以精确地锁定目标的位置和距离。

色盲

　　猫头鹰虽然视力绝佳，但却完全分辨不出环境中的色彩。也许，它们是所有鸟类中唯一的"色盲"。
　　原来，猫头鹰的眼睛里虽然视觉细胞非常丰富，但都是只能感受光线强弱的视杆细胞，缺乏能够感受色彩变化的视锥细胞。幸好猫头鹰眼睛里的视杆细胞比别的鸟类多得多，所以即便色盲，它们依然能够在光线很弱的情况下把周围看得一清二楚。

世上蛤蟆一般灰。

世上居然有和我们鹦鹉一样艳丽的蛤蟆！

11

萌懂一刻

"瞪眼王"

　　猫头鹰的眼睛里天生没有环状肌，所以绝大多数猫头鹰无法收缩瞳孔，看上去就像一直瞪着大眼。如果它们的眼睛要休息了，只能靠上下眼睑来遮盖。

眼睛不转脖子转

猫头鹰虽然拥有超强的视力，能在黑夜中发挥"透视眼"的作用，不过，它的眼睛却不能左右或上下转动。也就是说，它只能朝前看，不能像我们一样转动眼珠向两旁或上下看。这是为什么呢？

我们知道，猫头鹰的眼睛不是圆球形的，而是圆柱形的。这样的眼睛被固定在眼眶中，只能向前看，而不能转动。所以，猫头鹰要想观察周围的情况，只能向四面转动头部。

看视频，开眼界！

"歪头杀"

猫头鹰侧着头，不只是为了变一个角度观察，还为了可以通过这个姿势来调整耳朵的位置，更加准确地判断来自不同方向和位置的声音。

无敌头颈

只能向前直视的猫头鹰恰好有一个特殊的本领，就是头颈可以旋转270度。原来，猫头鹰的脊椎骨非常特别，可以弯曲绕转，所以，当它在高高的树枝上观察时，不需要转动身体，只需要将头颈不时地左转右转，就能看到前后左右的各种情况。这样的视野真是无死角啊！

强韧的颈椎

虽然猫头鹰看上去没有鹤、鹳等鸟类那样的长脖子，其实它的头颈并不很短，只是被厚实的羽毛遮掩住了。猫头鹰的颈椎骨有14节，比我们人类的多一倍。颈椎骨的节数越多，表明旋转和扭转的灵活程度就越大。而且，猫头鹰颈部肌肉发达，颈椎里的空腔宽大，可以提供充足的血液，也能保证颈椎扭曲时有足够的缓冲。

猫头鹰不但可以大幅度转头颈，有时候还会歪着头侧过来看，这是为什么呢？

13

萌懂
一刻

黑夜闻声

猫头鹰不但视觉灵敏，听觉也超级厉害，能听到自然界最轻微的声音。尤其是在黑夜里，对于捕猎者猫头鹰来说，耳朵可能比眼睛更重要。无论是林间窸窸窣窣活动的野鼠，还是草丛中悄然出没的昆虫，都逃不过猫头鹰的耳朵。

不过，由于猫头鹰没有外耳，所以它不能像其他动物那样转动耳廓收集声音，而只能靠频繁地转动脖子来捕捉声音。

有用的"大饼脸"

　　猫头鹰的听觉在所有鸟类中堪称佼佼者，其实和它们特殊的扁平"面盘"有关。原来，猫头鹰面部羽毛排成的图案，对于收集自然界的声音有重要的作用，有助于将声音传导到耳道里。

不对称的耳朵

　　有趣的是，猫头鹰的两个耳孔所在的位置并不对称：左耳孔位置长得比较低，右耳孔位置长得比较高；左耳孔开口朝下，右耳孔开口朝上；左耳更容易听清从下方传来的声音，右耳更适合收集来自前方、上方或左右的声音。

　　猫头鹰两个耳朵不但位置不对称，内部构造也不一样：左耳里有几万个听觉神经细胞，比右耳要发达得多。

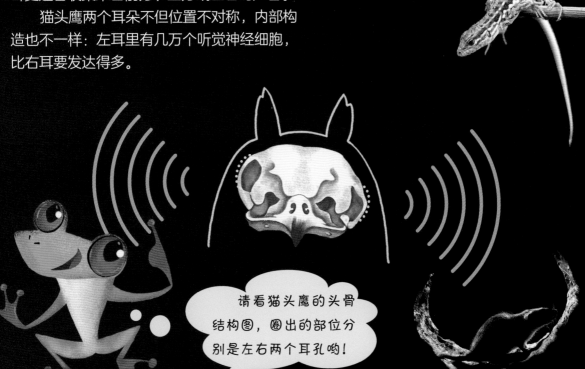

请看猫头鹰的头骨结构图，圈出的部位分别是左右两个耳孔哟！

深夜食堂

好饿，

好饿，

好饿啊……

宝贝的深夜美食己送达。

看视频，
长知识！

夜战专家

　　我们已经知道，猫头鹰是鸟类中的捕猎高手，而且是"夜战专家"。可是，夜里出来活动的许多小动物，视力很好，听觉也很强，难道它们就无法警觉猫头鹰的袭击吗？

　　一般来说，趁着夜色捕猎的猫头鹰，大多羽毛颜色较深，和夜色、树丛环境相似，而且猫头鹰在出击前，常常纹丝不动地在高处观察、辨听，处于地面的那些小动物，通常是难以察觉隐藏在高处的捕猎者的。

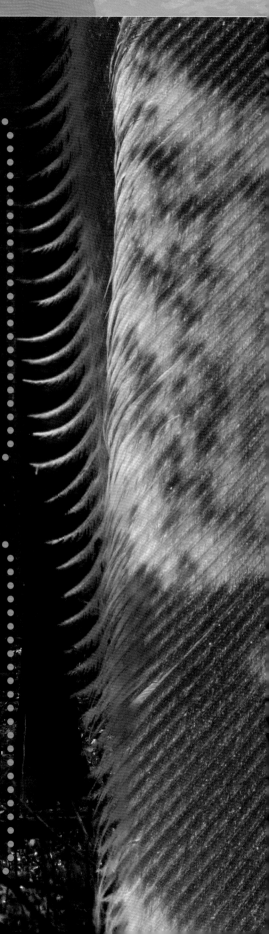

边听边飞

　　猫头鹰喜欢在黑夜里捕猎，它能通过两个耳朵听到的不同声音，判断出悄悄活动的猎物在哪里。当猫头鹰瞄准或"听准"了猎物的方位，便会迅即出动，展开双翅，由上而下扑向猎物。

　　猫头鹰在飞行时，常常采用超低空飞行的策略接近目标。即便猎物在不断移动，猫头鹰也能靠高分辨力的听觉，来准确判定猎物的位置，同时不断调整自己的飞行线路和姿态，时而俯冲滑翔，时而扇动翅膀，最终在猎物惊觉危险之际，用利爪发出致命一击。通常，猫头鹰的夜袭成功率很高，难得有空手而归的时候。

飞得慢

　　很多人以为，猫头鹰捕猎和老鹰一样，靠飞快地俯冲速度来抓住猎物。事实正相反，猫头鹰常常是靠"飞得慢"来取胜。这是怎么回事呢？

　　原来，猫头鹰全身的羽毛又蓬松又柔软，羽毛的表面覆盖着密密的绒毛，羽毛边缘还有很多细密的须缝。在羽毛掠过空气时，这些绒毛和须缝像许多把小梳子似的，能将空气分散、滤过，加上猫头鹰滑翔飞行时速度较慢，这样能大大减弱飞行时身体和空气的摩擦，几乎完全不会发出声音。

　　所以，当猫头鹰借着夜色，无声地扑向猎物时，很多小动物根本不知道危险降临。

利爪杀器

猫头鹰借助于"无声飞行"，悄然降临野鼠等猎物的头顶。这时，它会发出尖利的叫声，用来吓唬对手。正在猎物惊慌失措之际，猫头鹰挥起一双利爪，发出猛然一击……

几乎所有的猫头鹰都有一双强劲有力的脚爪，上面盖满了又密又硬的羽毛。它的趾爪弯曲而锋利，像一枚枚弯头尖刀。一旦猎物被这对利爪抓住，那就再也别想挣脱了。

反转脚趾

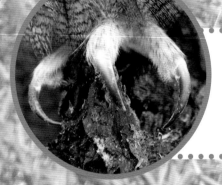

猫头鹰脚爪的最外面一个脚趾可以前后反转，有时候前面三趾后面一趾，有时候两前两后，这样一来，它就可以根据需要，方便灵活地抓握树枝或捕捉猎物了。

猫头鹰攀在树枝上，看不出它的脚爪有多厉害。可要等它飞过来了，那可真要命！

"小短腿"

总的来说，所有猫头鹰的腿都显得比较"粗短"，羽毛一直覆盖到足基部，只露出尖锐锋利的趾爪。由于"小短腿"的原因，猫头鹰的趾爪显得又大又长。

但猫头鹰的短腿不过是视觉假象，只要撩起它们厚厚的羽毛，就会发现它们的腿长几乎达到体长的一半，是名副其实的"大长腿"，而且腿部肌肉非常健硕发达，正是借助于强劲有力的腿肌，猫头鹰才能有力地挥动尖利趾爪，凶猛准确地击杀猎物。

天生杀手

猫头鹰是鼠类的"天敌"。一只猫头鹰在一个夏天里，能够吃掉上千只老鼠！而且，即使猫头鹰已经吃饱了，如果发现有老鼠出没，它们照样不会放过捕杀的机会，即便这些被猎杀的老鼠最终被扔掉。

除了老鼠，猫头鹰也经常捕食一些其他小动物。有些个头比较大的猫头鹰，例如雕鸮，还会捕食野兔，甚至袭击蛇类。

去小程序做游戏，看看你能点对几道菜？

渔夫

有一类猫头鹰叫作渔鸮，从名字上就可以知道，它们主要以捕食鱼类为生。渔鸮的脸盘不算太扁平，所以在收集声音方面就差了一些。不过，毕竟渔鸮的目标是水中的鱼，它主要靠敏锐的视觉和准确的判断来捕猎，听觉差一点也不妨碍它捕鱼。

渔鸮在飞行时，翅膀扇动常会发出"噗、噗"的声音，这和许多猫头鹰同类的"无声飞行"不太一样。也许，这是因为渔鸮的猎物在水里，渔鸮在空中飞行的动静就算大一点，水中的鱼儿也几乎听不见。

猫头鹰餐厅

猫头鹰餐厅开张啦！这么多好吃的，大家都来选一下，看看哪些是猫头鹰喜欢吃的，哪些是它不喜欢的。

呱呱呱，我也上了它们的"食谱"啦！

猫头鹰总是在黑夜里出来活动，大家可能都没什么机会亲眼见到它的捕食过程。怎么才能知道它到底在半夜里吃了些啥呢？

（答案在下页找哟！）

吞咽式进食

　　猫头鹰胃口很大，只要猎物足够丰富，它一晚上可以吃下好多东西。它用利爪杀死猎物，又用爪子摁住猎物，用尖喙把猎物扯成小块。猫头鹰的喙虽然非常锋利，可是因为嘴里没有牙齿，完全无法咀嚼，所以它习惯将食物"囫囵"吞咽下去，慢慢消化。这种进食方式和蛇类有些相似。

食丸

　　猫头鹰吞吃了猎物后，经过半天到一天的时间，会将食物中不能消化的东西，比如骨骼、羽毛、毛发等集成一坨，再从嘴里吐出来，这些东西称为"食丸"或"食团"。

这些分别是小鸮、长耳鸮、仓鸮的食丸。想知道它们的形成过程吗？可以去看动画哟！

25

　　猫头鹰吞咽下去的食物，是怎么变成"食丸"的呢？原来，这些食物通过嗉囊很快就到了胃里。猫头鹰的胃分为腺胃（前胃）和肌胃（砂囊）。腺胃具有消化腺，分泌消化液，包裹食物。随后，食物到达肌胃，经过搅拌，与消化液充分混合，被消化分解。同时，肌胃还像是一个过滤器，能够阻止坚硬的骨骼和不能消化的食物残块进入肠道。所以，食物中易消化的成分被推送到小肠；不能被消化的物质则逐渐聚积成团，被推回腺胃，再经过伸缩性很强的食管，挤压成了一团长椭圆形的残渣，从口中吐出，就成了"食丸"。

食丸形成记

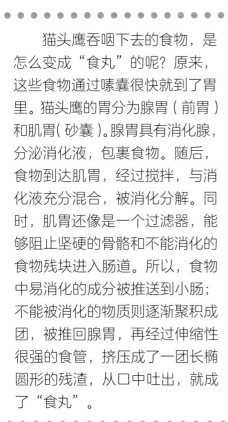

食道　气管　肺　前胃　心脏　肝脏　肾脏　砂囊　输尿管　肠　肛门

食丸里的秘密

猫头鹰进食后吐出食丸，这是一种十分独特而有趣的生理现象。如果对猫头鹰的食丸进行"解剖"，就可以从中分离出一些保留得比较完整的食物残留物，包括小型哺乳动物的头骨、上下颌，鸟类的头骨、硬喙、羽毛，昆虫的大颚、翅等。再将这些分离出来的残留物，与标准的动物骨骼或羽毛等进行比对，就能大致分析出猫头鹰最近吃的食物是什么，从而了解猫头鹰的食性。

"解剖" 食丸

让我们一起来"解剖"猫头鹰的食丸，看看能发现什么。

1 将食丸进行浸泡和软化。

2 将食丸小心地掰成小块。

3 逐一分离出食丸中的骨骼等残留物。

4 将骨骼上的水分拭干。

鸟类食谱

猫头鹰属于典型的食肉鸟类，它们有的体形较大，翅膀和爪强健有力，鸟喙锋利，专以中小型动物为食。

其实，在自然界中，大多数鸟类的"食谱"比较宽泛。例如：

蜂鸟

啄木鸟

乌鸦

食植鸟类一般以植物的果实、种子、叶、茎、根等为食，也有的吸食植物的花蜜或花粉。在繁殖期，有些鸟类偶尔会吃一些昆虫及其幼虫补充营养。

食虫鸟类以捕捉昆虫为主要食物，有时也采食一些植物果实等。

杂食性鸟类的"食谱"相对不固定，基本上是"有什么吃什么"。

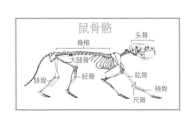
鼠骨骼
脊椎　头骨
大腿骨　肱骨
腓骨　胫骨　桡骨
尺骨

5 将骨骼贴在纸板上，并参照骨骼检索图进行比对。

看视频，做实验！

猫头鹰家族

我们通常所说的猫头鹰，其实是鸮形目鸟类的统称。全世界大约有 200 多种猫头鹰，中国有 33 种，它们都是国家二级保护动物。

大多数猫头鹰都长着一张"猫脸"，看上去又宽又圆，如角鸮、雕鸮、渔鸮、雪鸮、鸺鹠等，它们属于鸱鸮科；另一些猫头鹰的头骨比较狭长，面部呈心形，看上去更像"猴脸"，如草鸮、仓鸮等，它们属于草鸮科。

草鸮

一个白天工作，一个夜里上班。真合适，呱呱呱！

鸺鹠

灭绝的笑鸮

笑鸮属于原鸮科，原本生活在大洋洲的新西兰及周围岛屿上，由于叫声酷似人们大笑的声音而得名。

200多年前，原本荒寂的新西兰等地，人类活动变得越来越频繁，这使得笑鸮的栖息地和繁殖受到极大影响。仅仅过了不到100年，笑鸮就成为极度濒危的鸟类。1914年以后，人们再也没有在野外见过这种当地特有的猫头鹰了，只能在自然博物馆中才能看到它们的标本。

笑鸮

姬鸮的"室友"

姬鸮可能是最小的猫头鹰，只有麻雀那么大。在干旱的沙漠地带，姬鸮的"家"常常就在高大的柱形仙人掌上的树洞里。那里能躲避沙漠里的高温，还能清楚地观察周围的动静，并能躲避来自地面和空中的危险。

不过，要在干旱少树的沙漠中拥有这样的树洞栖身可不容易。所以，在姬鸮的树洞里，常常还有另一个"室友"——仙人掌啄木鸟。白天，仙人掌啄木鸟出外觅食，姬鸮留在树洞里睡觉；到了晚上，仙人掌啄木鸟回巢，就该姬鸮腾出地方，出去捕猎了。

姬鸮

雪地精灵

雪鸮被称为"雪地精灵",它们生活在北极及周围地区,已经完全适应了寒冷的雪地气候和环境。北极地区有长时间太阳不落的极昼,所以雪鸮习惯了在白天捕猎。当然,到了长时间黑暗的极夜,雪鸮也照样能趁着夜色觅食。

和大多数猫头鹰羽色暗褐不同,雪鸮的羽毛几乎完全是白色的,只有少许褐色的斑点。尤其是雄雪鸮,随着不断长大,它们的羽毛颜色会变得越来越白。这是它们长期适应雪域环境的结果,这样能够很好地将自己融入白色世界,不易被敌人所发现,也让雪鸮要捕捉的猎物难以察觉。

旅鼠天敌

寒冷荒凉的北极地区,可供雪鸮捕猎的食物并不很多,雪鸮的主要猎食对象是旅鼠和岩雷鸟。在夏季旅鼠活动频繁的时候,一只雪鸮每天会捕食5～10只甚至更多的旅鼠,吃不完的猎物会被存放在高高的树枝上,以免北极狐等"偷吃"。如果捉到体形较大的雪兔,雪鸮会先用利爪紧扣猎物,猛烈摔打,然后喙爪并用,将其撕成小块,再行进食。

繁殖高峰

大多数猫头鹰都是在3月~5月繁殖的，不过，雪鸮生活的北极地区到5月底才刚刚开始冰雪消融，所以它们必须抓紧时间，在短短的2~3个月里完成寻偶、交配、产卵、孵化的全部过程。

雪鸮妈妈通常一季会产下5~8枚蛋，隔一天产一个蛋，产完蛋就赶紧孵化，前后需要30多天才能让这些蛋依次孵化出小雪鸮。在这期间，雪鸮爸爸会尽量多捕食，把吃不完的食物囤积起来，好让新生的小雪鸮一破壳就有吃的。

有趣的是，雪鸮的繁殖高峰大约每隔5年才有一次，这一年，一定是旅鼠繁殖增长最多的一年。如果哪一年食物太少，雪鸮甚至会不繁殖。

除了南极，猫头鹰生活在世界上的各个地方。那么，哪里的猫头鹰最多呢？

萌懂一刻

广泛分布

东半球热带地区的森林里、草原上，猫头鹰的种类更多，数量也更多，因为在那里猫头鹰可以更容易地捕捉到猎物。

猫头鹰树

书里出现的这些猫头鹰你都认识了吗？快来记住它们吧！

雪鸮 ● ● ● ● ● ● ● ● ● ● ● ● ● ● ● ● ●

生活在寒冷的北方，那里食物比较少，所以雪鸮不分白天黑夜都会捕猎。它们全身雪白，头顶没有耳朵状的羽毛突起，所以看上去圆头圆脑的，很可爱。

长耳鸮 ● ● ● ● ● ● ● ● ● ● ● ● ● ● ●

有一对显著的长耳羽，并因此而得名。长耳鸮在我国分布极广，是最常见的猫头鹰之一，以善于捕捉老鼠闻名。

仓鸮 ● ● ● ● ● ● ● ● ● ● ● ● ● ●

脸盘呈白色，喜欢生活在人类生活区附近，在废墟、屋檐、树洞中筑巢。冬季时，常常可在农村的谷仓里发现其踪影，因此而得名。

雕鸮

最大的猫头鹰之一，体长可达70多厘米，体重将近4千克，比一般的大公鸡还要大。

姬鸮

只有麻雀那么大，是最小的猫头鹰之一。在干旱的沙漠地带，姬鸮的"家"就在高大的仙人掌上的树洞里。

角鸮

一类中小型猫头鹰，以头顶两侧突起的耳羽似角而得名。大多数角鸮主要以昆虫为食。